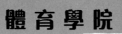

體育學院

我是出色運動員

小小實習生

體育學院

學生證

姓名： ....

小小實習生
我是出色運動員

作　　者：凱瑟琳・阿爾德 (Catherine Ard)
繪　　圖：莎拉・勞倫斯 (Sarah Lawrence)
翻　　譯：羅睿琪
責任編輯：張雲瑩
美術設計：張思婷
出　　版：新雅文化事業有限公司
　　　　　香港英皇道499號北角工業大廈18樓
　　　　　電話：(852) 2138 7998
　　　　　傳真：(852) 2597 4003
　　　　　網址：http://www.sunya.com.hk
　　　　　電郵：marketing@sunya.com.hk
發　　行：香港聯合書刊物流有限公司
　　　　　香港荃灣德士古道220-248號荃灣工業中心16樓
　　　　　電話：(852) 2150 2100
　　　　　傳真：(852) 2407 3062
　　　　　電郵：info@suplogistics.com.hk
版　　次：二〇二二年六月初版

ISBN: 978-962-08-7945-6
Original Title: *Sports Star in Training*
First published 2020 by Kingfisher
an imprint of Pan Macmillan
Copyright © Macmillan Publishers International Limited 2020
All rights reserved.

Traditional Chinese Edition © 2022 Sun Ya Publications (HK) Ltd.
18/F, North Point Industrial Building, 499 King's Road, Hong Kong
Published in Hong Kong, China
Printed in China

我是出色運動員
小小實習生

凱瑟琳·阿爾德　著
莎拉·勞倫斯　繪

你能在本書的每一頁
裏找出這隻獎杯嗎？

新雅文化事業有限公司
www.sunya.com.hk

體育學院

課程大綱

 在**理論課**中，你會學到很多重要知識。

 在**實習課**裏，你需要完成任務，或是學習運動的技能。

當你完成理論課或實習課後，便可以在相應的位置上寫上剔號。

成為運動員的條件

你想成為一位運動員嗎？你是不是充滿了能量，並熱衷學習呢？你準備好迎接刻苦的訓練嗎？如果是的話，歡迎加入體育學院！

如何成為頂尖運動員

要成為最佳運動員，你需要掌握以下技巧：

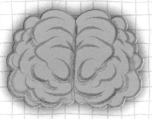

1 專注力
訓練你的腦袋只想着你正在做的事情。

2 協調力
令你的手、腳和身體的各部分互相配合。

3 決心
遇上艱難的情況時不要放棄，只要不斷嘗試，你就會有進步。

4 奉獻
投放大量時間接受訓練，以達成目標。

選擇體育用具

請選出 4 項物品放進袋子裏吧。

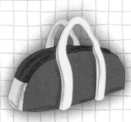

a)
b)
c)
d)
e)
f)
g)
h)

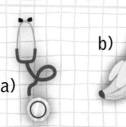
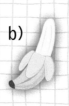
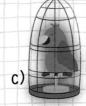
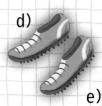

專訪運動員

請將以下的運動員和他們說的話配對起來吧。

跳水
運動員

撐竿跳運動員

棒球運動員

公路單車手

輪椅競速選手

A

「我參與的比賽歷時數星期，全程長達數千公里。」

B

「我需要強壯的手臂來讓自己以每小時 30 公里的速度在賽道上奔馳。」

C

「我要戴上手套，以幫助自己接住被擊中或是被扔過來的球。」

D

「我以頭下腳上的姿勢，從一塊超過兩層樓高的長板上跳下來。」

E

「我依靠長竿的輔助，能夠跳過比長頸鹿還要高的橫竿。」

培訓小錦囊

○ 保持恆常訓練能讓你有所進步。

○ 別過度催逼自己，不然可能會受傷。

○ 給自己設定不同的目標，然後努力向目標邁進。

你能想到其他類別的運動員嗎？

適合你的體育項目

體育項目多不勝數，但哪一種最適合你呢？試回答以下的問題，並依循這幅「體育項目搜尋地圖」前進，便能找到答案。

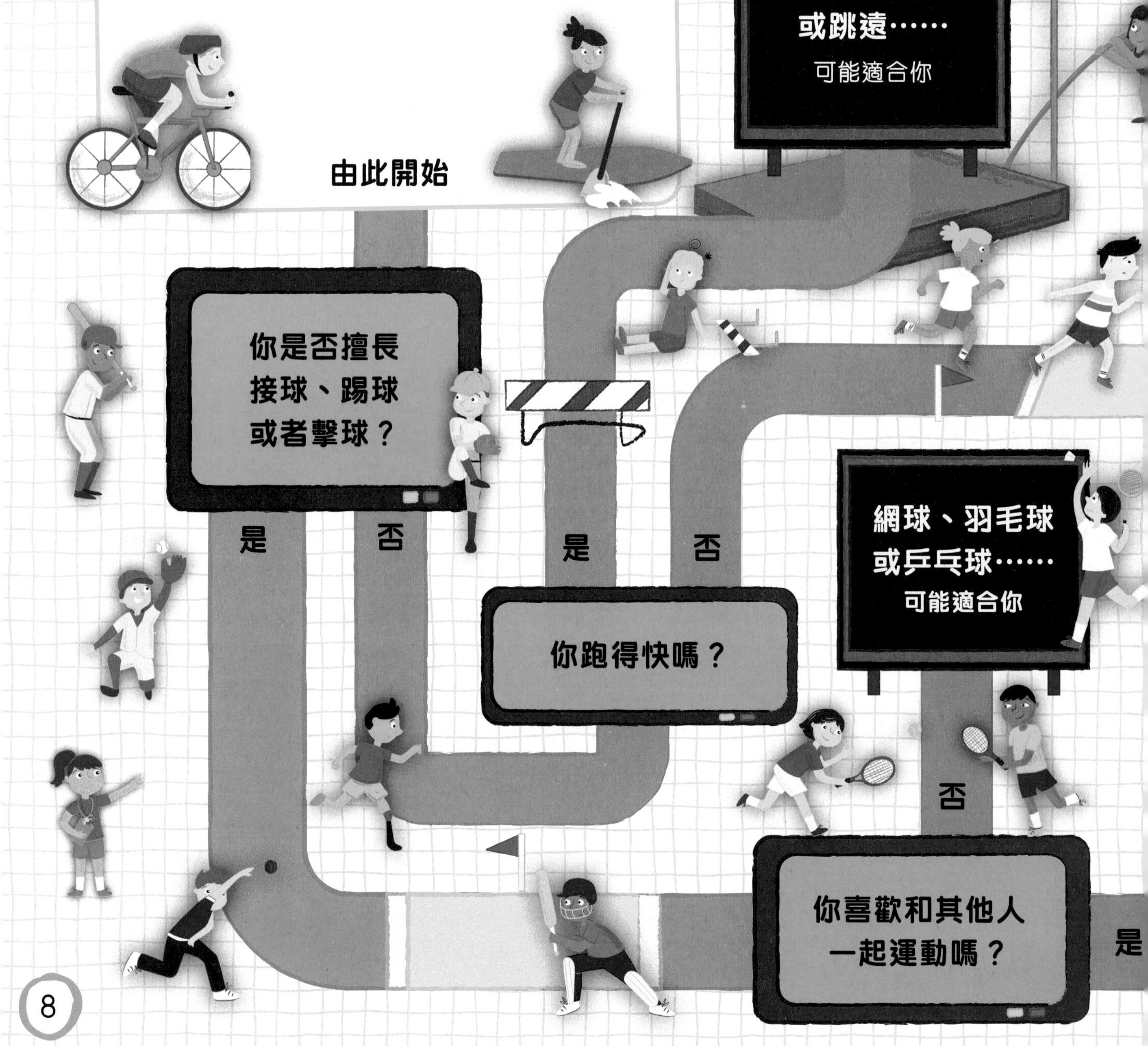

由此開始

短跑、跳高或跳遠……
可能適合你

你是否擅長接球、踢球或者擊球？

是　　否

是　　否

網球、羽毛球或乒乓球……
可能適合你

你跑得快嗎？

否

你喜歡和其他人一起運動嗎？

是

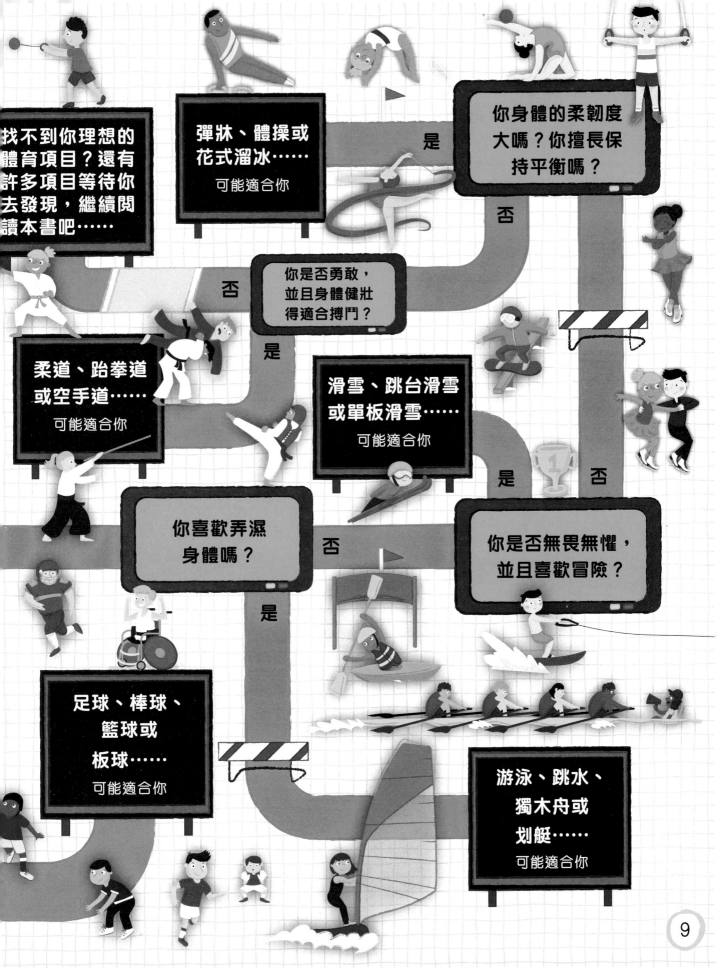

找不到你理想的體育項目？還有許多項目等待你去發現，繼續閱讀本書吧……

彈牀、體操或花式溜冰……
可能適合你

你身體的柔韌度大嗎？你擅長保持平衡嗎？

是

否

你是否勇敢，並且身體健壯得適合搏鬥？

否

是

柔道、跆拳道或空手道……
可能適合你

滑雪、跳台滑雪或單板滑雪……
可能適合你

是

否

你喜歡弄濕身體嗎？

否

你是否無畏無懼，並且喜歡冒險？

是

足球、棒球、籃球或板球……
可能適合你

游泳、跳水、獨木舟或划艇……
可能適合你

越吃越健康

今天是你第一天來到體育學院，你需要好好補充能量來運動一番。快拿起碟子，在運動員餐廳裏吃一頓美味的食物吧。

肉類、魚類、蛋、種子、堅果和豆類

是日餐單

 ○ 碳水化合物供給你運動所需的能量。

 ○ 蛋白質幫助你生長及修復身體傷患。

 ○ 脂肪給你能量儲備，並讓你保持溫暖。

 ○ 維他命及礦物質保持你的身體健康。

 ○ 糖和鹽只可進食少量。

馬鈴薯、米飯、意大利粉、麵條、穀物和麵包

水果和蔬菜非常健康,你每天需要進食 5 份蔬果啊!

牛油、牛奶、芝士、乳酪和乳製品

多喝水!你每天需要喝下最少 8 杯清水。

圖中的顏色顯示了你應該在碟子上放上的食物種類和分量。

你會選擇哪些食物來填滿碟子上的每個部分呢?

蛋白質

水果和蔬菜

碳水化合物

乳製品

準備好了嗎？每個熱身動作都要做一分鐘！

1 高舉膝蓋，原地踏步。

肌肉

在你運動時，你的肌肉會「呼叫」起來，要求更多能量和氧氣，而氧氣就是我們呼吸的空氣裏的其中一種氣體。

你僅僅踏出一步，也要使用多達 200 塊肌肉，這真令人嘖嘖稱奇！

實習課2

一起熱身！

在訓練前好好熱身，能為之後艱辛的鍛煉作好準備！一起看看動起來時身體裏面會發生什麼事情吧。

2 向前及向後轉動你的手臂。

皮膚

運動令你變得暖和，你的身體會分泌出一種稱為汗的液體，來令身體涼快下來。汗會從皮膚上微小的孔洞中流出來，當汗水變乾時，它便能令你降溫。

實習課 2

請剔這裏

通過

12

3 向兩側跳來跳去。

4 做開合跳。

骨頭

當你走路、跳躍或跑步時，你的骨頭和關節要承托更大的重量；關節是可屈曲的地方，骨頭會在關節處連接起來。

肘關節

膝關節

心臟

你的心臟會跳得更快，以將更多血液泵到身體各部分。你的血液會運送氧氣，還有你所進食的食物產生的能量，為肌肉帶來力量。

心臟

5 踏步並將腳跟往後踢。

肺部

肺部

你的呼吸會加快，並更用力吸氣，以吸入更多氧氣。

運動大挑戰

脈搏是指 1 分鐘內心臟跳動的次數。

1 伸出一隻手，手掌向上。將兩隻手指壓在拇指下方的手腕上，直到你感覺到脈搏跳動。

2 用手錶幫助數算 1 分鐘裏有多少次跳動。

3 你做運動前數算到多少次跳動？

4 你做運動後，跳動次數增加了多少次？

訓練日程

你能否日以繼夜地訓練，以令自己變得更強壯、更矯捷、更具活力？快前往訓練營，了解一下超級泳手平常的一天是怎樣度過的吧。

7:00 AM	7:30 AM	8:30 AM	11:30 AM

  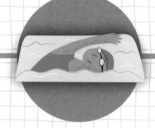 

○ 起牀，並確保訓練裝備齊全。　　○ 吃健康的早餐。　　○ 前往泳池開始游泳訓練，訓練長達 3 小時。　　○ 吃健康的午餐。

9:00 PM	8:00 PM	7:30 PM	6:30 PM

○ 好好睡一覺，為明天的訓練作好準備。　　○ 放鬆時間！　　○ 收拾好裝備，預備明天的訓練。　　○ 吃健康的晚餐。

訓練你的腦袋

運動員會想像自己射出了完美的入球，或是勝出一場賽跑，單單藉着想像這些行為，有助你的腦部更精準地控制你的身體呢。

12:30 PM

○ 放鬆時間，小睡一會。

2:00 PM

○ 在展開下一項訓練前，先吃健康小食。

電視時間

運動員會觀看自己比賽時的影片，看看自己有哪裏做得對，或有什麼做錯了；他們也會藉由觀看其他頂尖運動員的比賽情況，從而改善自己的表現。

5:00 PM

○ 做做瑜伽和伸展運動，讓身體平靜緩和。

3:00 PM

○ 在健身室健身，以鍛煉出強壯的手臂和雙腿，鍛煉長達 2 小時。

考考你

請在上圖中，找出 5 個不合理的地方。

田賽與徑賽

來試試田徑場上的一些運動項目吧，在田徑場上的每個角落裏，你都能看見運動員在跑步、跳躍或投擲。當心被擲中呀！

身體殘疾的運動員會利用競賽輪椅，或者由碳製成的特殊彈性義肢，以在徑賽項目中比拼。

試試加速助跑，再跳進柔軟的沙池裏；有些跳遠選手能夠向前跳躍達8米，想像一下，8米就跟4張睡牀頭尾連接後的長度相同啊！

運動大挑戰

○ 在公園的散步道上以粉筆畫上一條線。

○ 和朋友輪流助跑，在抵達粉筆線時起跳。

○ 記錄着地的位置，並量度每一跳的距離。

試試跳過橫竿，當你躍過橫竿後，橫竿沒有被身體撞跌下來；每成功躍過一次，橫竿便升高一點。

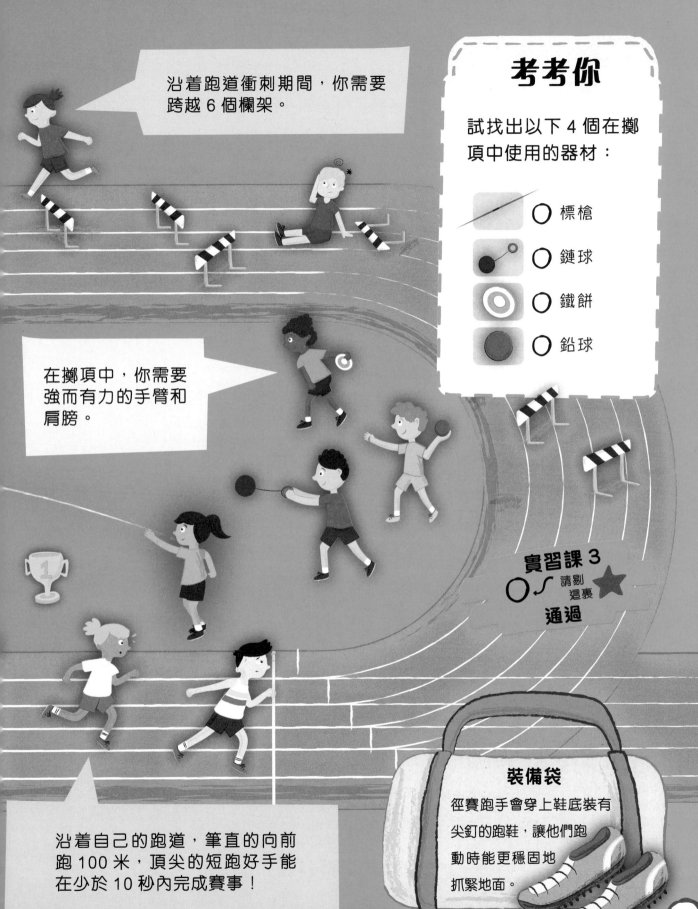

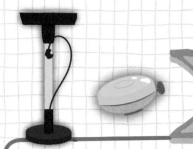

騎單車

你喜歡騎在單車上風馳電掣嗎？看看這些不同的路徑和單車，選出最適合你的類型。

場地單車

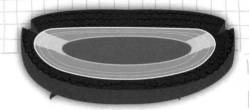

場地單車選手乘坐着特殊輕巧的單車，從而達至極高的速度，這種單車沒有煞車掣，而且只能單速前進，車手要伏下身體，以幫助他們輕易地滑過空氣的阻力。

比賽場地： 光滑的室內賽道，稱為室內賽車場。

別忘了你的：
彈性緊身衣

最適合：
追求速度的人

公路單車

公路單車選手會在各種天氣下踏長途單車，他們會隨身帶着水和高能量食品，陡峭的山路和終點前的衝刺都在考驗他們身體的極限。

比賽場地：
平坦的公路和
登山路徑

別忘了你的： 太陽眼鏡

最適合：
喜歡欣賞美麗
景色的人

你能將這 3 頂頭盔與相配的單車配對起來嗎？

1 保護臉部免受飛起的小石頭擊中。

2 透氣孔能讓頭部保持涼快。

3 光滑的形狀有助加速前進。

BMX 單車

BMX 單車選手會在布滿急彎、凹地和土丘的特設賽道上快速前進，他們會飛到空中，再「砰」的一聲着地，並同時爭先前往終點。

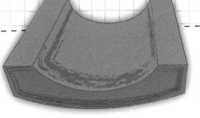

比賽場地：
有凹地與小丘的泥濘賽道

別忘了你的：
防滑手套

最適合：
喜歡做出有型花式的人

登山單車

登山單車選手會在崎嶇不平的鄉郊小徑上前進，他們會顛簸地越過岩石，在多石的斜坡俯衝而下，附有軟墊的衣服能保護他們掉下單車時不致受傷。

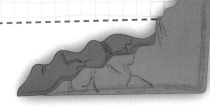

比賽場地：
陡峭的山坡和多石的路徑

別忘了你的：
護膝和護肘

最適合：
追求刺激的人

在泳池裏

一起跳進泳池裏，齊齊在水中運動一下吧。你需要學習矯捷的泳式、快速轉身以及從高處跳水。

考考你

我們需要掌握的泳式有4種，你能在泳池中找出它們嗎？

- ◯ 捷泳（又稱自由式）
- ◯ 背泳
- ◯ 蛙泳
- ◯ 蝶泳

在起步台上彎下身體，然後向前跳躍，做出完美無瑕的泳賽起跳吧。

每次游到泳池的盡頭時，便要迅速做出「翻滾式轉身」，即是向前翻滾，再用力蹬泳池的牆壁離開。

1
2
3

與時間競賽

比賽時間到了，頂尖運動員都準備好爭奪金牌！分秒必爭，我們會使用科技判斷誰人勝出。

各就各位！

砰！泳手、跑手和單車運動員一聽見電子起步槍的聲響，便會瞬間行動。起步槍響起的剎那，計時器也隨之自動開始計時。

砰！

偷步

高科技起步台能感應動作，偵測到運動員會不會太早起步。

衝線

在跑道上，當勝出的運動員經過照射在終點線上的雷射光束時，計時器便會停下來。

跑鞋上的特殊標籤能記錄每位參賽者衝過終點線的時間。

標籤會向讀取器發出信號。

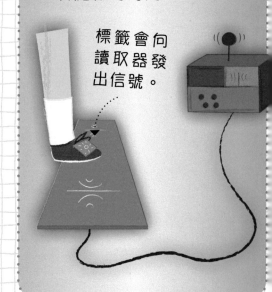

勝出者

第一名	01:49:63	WR
第二名	01:49:69	
第三名	01:50:03	

分鐘　　　秒鐘　　十分之
　　　　　　　　　一秒

衝線照片

高速攝影機會拍攝終點線的照片，這在爭持激烈的比賽中有助分辨誰是勝出者。

接近的時間

有時比賽非常緊湊，第一和第三名之間可能只相差幾分之一秒。

不分勝負

當兩個運動員在完全相同的時間衝過終點線時，便被稱為「並列名次」。

一瞬之間

眨眼一次大約需時十分之三秒。

運動大挑戰

完成比賽的時間後面會出現一些英文字母，它們代表：

WR　世界紀錄
OR　奧運紀綠
PB　個人最佳成績

試試跑一段相同的距離三次，並記錄所需時間，三次中最快的時間，就是你的個人最佳成績。現在試試打破這項紀錄吧！

體操

在體育館裏選個位置坐好，凝神屏息欣賞各種令人讚嘆的體操項目吧。

競技體操

體操運動員需要柔韌、強壯，而且非常勇敢，他們會在橫槓和吊環之間擺盪飛舞，在平衡木上保持平衡，還會彈跳着越過跳馬。

鞍馬 ……

訓練小錦囊

體操運動員會將手和腳沾上鎂粉，幫助他們好好抓握體操器具。

體育館內會鋪上柔軟的墊子，讓運動員安全着地

技巧體操

體操運動員會以兩人或多人一組，跟隨音樂做出驚人的平衡動作。

平衡木

雙槓

單槓

吊環

跳馬

自由體操

運動員要在寬大、有彈性的墊子上，配合音樂表演高難度的空翻、跳躍、滾動和轉身。

你能找出這兩張照片中的 5 個不同的地方嗎？

藝術體操

體操運動員會一邊拋起、接住及平衡各種器具，一邊在比賽場地上優雅地翩翩起舞，他們會組隊或是獨自參加比賽。

帶操

圈操

繩操

球操

運動大挑戰

試試將一個皮球沿着手臂滾動，但不可以用手握球或讓球掉下來。

美式足球

你的隊伍需要將球帶到對手位於球場末端的得分區,以獲得分數。將球傳給隊友,或是帶着球向着得分區跑吧,快點!

實習課5

球類運動

實習課5
○⌒ 請剔這裏
通過

籃球

你要一邊拍球,一邊帶球移動,然後將球拋給隊友,如果把球射進籃裏,可得2分!

你要運球繞過後衞球員，然後將球踢過守門員，把球射進龍門中。看！入球了！

足球

來加入體育學院的球隊，參與一些球類運動吧。我們的教練會幫助你掌握傳球、拋球、運球、接球和踢球的訣竅。

裝備袋

穿上這些裝備，可保障運動員的安全。

○ 手套
○ 面罩
○ 頭盔

在各圖中找出以上裝備吧。

欖球

把球接住！現在各球員會嘗試將你抱住壓倒在地！你要盡快將球踢過橫杆，或是抓着球跑過底線來爭取得分！

27

棒球

所需器具：

場地：

壘

球員：分為兩隊，每隊有 9 人。

目標：兩隊輪流擊球及防守，擊球手負責擊球，藉由跑遍球場上的各個壘並返回起點而得分；防守球員會以快速的投球及巧妙的接球，令擊球手出局。

外野手　　擊球手　　投手

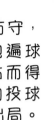

理論課7

球棒與球拍

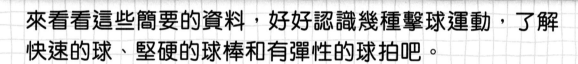

來看看這些簡要的資料，好好認識幾種擊球運動，了解快速的球、堅硬的球棒和有彈性的球拍吧。

板球

所需器具：

場地：

邊界

球員：分為兩隊，每隊有 11 人。

目標：兩隊輪流擊球及投球，擊球手負責擊球，藉由跑過兩組門柱來得分；防守的隊伍可以透過將球接住，或者以球擊中門柱來令擊球手出局。

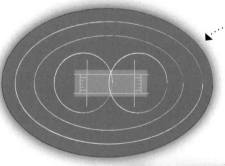

門柱

投手　　擊球手　　外野手

網球

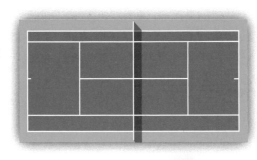

所需器具：

場地：

球員：
2 名球員 = 單打
4 名球員 = 雙打

目標：球員各站在球網的兩邊，來回擊打網球。擊球前，球只能彈地一次，如果球落在球場的邊界以外，或是撞到球網上，對手便會得分。

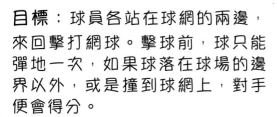

請將球和球拍（或球棒）配對起來。

考考你

哪一種運動要使用這種球拍？

○ 壁球
○ 乒乓球
○ 棍網球

羽毛球

羽毛球

所需器具：

場地：

目標：球員要在一面高高的球網兩側來回擊打輕盈的羽毛球。如果球落在你一側的球場上，或者你將球擊在網上，你的對手便會獲得 1 分。

球員：
2 名球員 = 單打
4 名球員 = 雙打

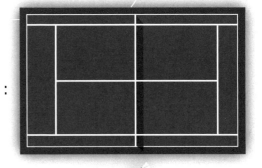

理論課 7
○ 請剔這裏 ★
通過

在雪地裏

你需要健壯且無畏無懼，才能以最高速度從鋪滿白雪的高山上滑下來。快跳上登山吊椅，看看你能在下方的山坡上發現哪些運動項目吧。

達達！
頂尖的高山滑雪運動員能以每小時 153 公里前進，這比高速行駛的汽車還要快！

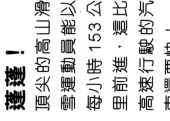

單板滑雪最初面世時，它的英文名稱是「Snurfing」，即是雪（Snow）加上滑浪（Surfing）。

考考你

埋在雪裏的是什麼東西？
請將每一件物件和正確的名稱配對起來。

a)

b)

c)

d)

○ 滑雪板
○ 滑雪杖
○ 護目鏡
○ 雪地滑板

理論課 8 ★ 請到這裏通過

訓練小錦囊

在夏季冰雪融化時，滑雪運動員會以滑浪、踏單車及滑板等運動來保持理想的身體狀態。

你能找到嗎？

○ 迴轉滑雪運動員在定位杆之間以「之」字形滑行，高速下坡。

○ 跳台滑雪運動員從陡峭的跳台起跳後身體前傾。

○ 單板滑雪運動員在設有欄杆和彎曲的雪道上做出各種花式動作。

○ 高山滑雪運動員猛然衝下高聳的山坡。

冰上運動

穿上你的溜冰鞋，在冰上做出一些滑行動作吧！你能夠優雅地滑行、流暢地快跑，或是帶着一根球棒在溜冰場上到處穿梭嗎？

花式溜冰

運動員會配合音樂，待時機到達時，完成驚人的跳躍、翻身和令人目眩的旋轉，你要非常健壯和靈活才能做到！

速度滑冰

穿上緊身的服裝，然後繞着溜冰場比賽吧。特殊的滑冰手套能讓你在角落傾身轉彎時，讓你的手指能滑過冰面。你能達成最快圈速嗎？

緊身衣

滑冰手套

冰上曲棍球

戴上頭盔和大量護具，參加這個遊戲需要大量體力。兩隊各6個隊員會在溜冰場上飛奔，用球棒將冰球推送給一個又一個隊員，直至將冰球射進龍門，方可得分！

冰球 ……▸

頭盔

護具

訓練小錦囊

到冰地以外的地方練習，練習把球棒揮動得超級快；也可用小球代替冰球，在光滑的地面上推動小球練習吧。

冰舞

在這種運動中，沒有跳躍、拋起或用力舉起舞伴的花式，可以做的，就是和舞伴一起優雅地跳舞。

考考你

你能為每種運動項目挑選出最合適的溜冰鞋嗎？

1

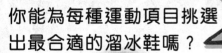

堅硬的溜冰鞋，裝有長而窄的刀片，以便向單一方向快速移動。

2

設計優美的靴子，裝有纖細的刀片，鋒利的腳趾尖刺有助煞停及旋轉。

3

堅固的靴子，有短而粗的刀片，能夠快速改變方向。

水上運動

進入訓練池中的水上迷宮，在找路的同時，可嘗試參與一些用上船帆和船槳的水上運動，直到找到出口為止。

由此開始

要控制帆船繞過浮標，需要熟練的技巧。

浮標 ┈┈▸　　◂┈┈ 浮標

◂┈┈┈ 面向這一邊　　　艇向這一邊移動 ┈┈┈▸

拉動船槳，來讓划艇向前滑行吧。

在空格上填上適當的中文字，以找出兩種水上運動的名稱。

1) 滑 ＿＿＿ 風 ＿＿＿＿＿　　2) 獨 ＿＿＿＿＿ 舟

裝備袋

參與皮艇和獨木舟運動時，要確保帶備適當的工具；獨木舟的船槳有一片槳葉，而皮艇的船槳有兩片槳葉。

閘門

皮艇

激流迴轉賽選手要划艇通過所有閘門，途中水流湍急，滿布白浪，皮艇會搖晃不停。

你需要跪坐在獨木舟裏，用船槳在船身一側划水，然後在另一側划水。

終點

有些划艇會由一隊划艇手划動，舵手坐在船尾，確保所有隊員同時划槳。

滑浪風帆運動員會把帆順着風向，一路快速前進。

舵手

武術

擊打！

在道場上，武術運動員都在用腳飛踢，不過別擔心，你只要遵從教練的指示，就不會輕易受傷。快來穿上道袍，一起學習一些格鬥動作吧。

腰帶的顏色

不同的運動中，腰帶顏色的等級制度都各有不同。一般而言，穿戴白色腰帶的都是初學者，而黑色腰帶的則是頂級運動員。

踢腳！

從下面的資料檔案中找出提示，試試分辨體育館裏所有的武術吧。

武術初學者會戴上白色腰帶。

技術精湛的運動員會戴上黑色腰帶。

空手道

目標：用手或腳精確地擊打對手身上的不同位置。

穿着：白色的道袍，稱為「空手着」。

跆拳道

目標：瞄準對方的臉、身體和頸項，利用不同的踢擊進行攻擊。

穿着：白色的道袍，稱為「道服」。

器具：頭盔及身體護甲。

摔打！

格擋！

鎖定！

訓練小錦囊

利用軟軟的沙包練習踢腳和拳擊吧。

合氣道

目標：格擋對手的攻擊，摔倒他們或是用鎖技固定他們。

穿着：會穿上寬闊的長褲，稱為「袴」。

器具：木製的訓練武器。

柔道

目標：將對手摔倒在地上，或是以鎖技困住對手。

穿着：稱為「柔道着」的道袍。

37

比賽時間

繼續努力練習，你便可以加入自己國家的頂尖運動員團隊，在奧運會中比賽。

你能夠給運動員頒發正確的獎牌嗎？

金牌

銀牌

銅牌

理論課9

〇 請剔這裏

通過

訓練小錦囊

大部分頂尖運動員在贏得奧運金牌時，都已受訓達 10,000 小時！

各式各樣的運動項目

在奧運會中有許多比賽項目，你能將以下的項目和圖畫配對起來嗎？

- ○ 射箭
- ○ 花式游泳
- ○ 沙灘排球
- ○ 劍擊
- ○ 場地障礙賽
- ○ 彈牀
- ○ 水球
- ○ 舉重

a)
b)
c)
d)
e)
f)
g)
h)

五大奧運檔案

1 第一屆奧運會大約在 3,000 年前的古希臘舉行。

2 奧運會每 4 年舉行一次。

3 每屆奧運會都會在不同的國家舉行。

4 奧運會可分為冬季奧運會和夏季奧運會。

5 來自超過 200 個不同國家及地區的隊伍，會在夏季奧運會中競技。

殘疾人奧運會

殘疾運動員會在殘疾人奧運會中互相比試。

恢復時間

恭喜，你已完成運動員訓練了！跟隨以下的步驟，好好休息與恢復體力，讓你的身體準備應付下一個重大的挑戰吧。

緩和運動

嗄吱！

1 在訓練過後，緩和運動有助你的身體放慢下來。

吃吃喝喝

真美味！

2 運動過後，一定要喝喝水，吃點健康的小食來補充能量。

按摩肌肉

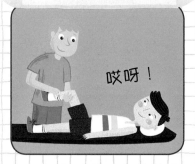

哎呀！

3 頂尖運動員會藉着按摩來舒緩酸軟疼痛。

冷敷

好冷！

4 冰包和冰浴有助酸痛的肌肉恢復過來！

小休一會

嗯哼！

5 放鬆一下！即使是最出色的運動員，也需要暫停訓練，休息一天。

睡覺

Zzzzz!

6 你睡覺的時候，身體會自我修復。

運動員會用盡一切可行的方法來保持身體處於最佳狀態。

實習課 9
○ 請剔這裏
通過

深層睡眠

運動員每晚會睡多達 10 小時，許多人更會在受訓後小睡一會呢！特殊的智能手錶能顯示他們休息和睡眠了多久。

你能找到這兩幅圖畫中的 4 個不同之處嗎？

深呼吸

這部儀器看似一部潛水艇，不過它其實是一個氧氣艙。受傷的運動員會躺進艙裏，吸入純氧（氧氣是空氣組成的部分之一），氧氣有助傷患痊癒得更快。

冷凍療法

運動員會脫去衣服，站在一個特殊的冷凍室裏數分鐘，冷凍室裏面的氣溫只有-150℃！在經過艱苦的運動比賽後，這有助運動員的身體恢復過來。

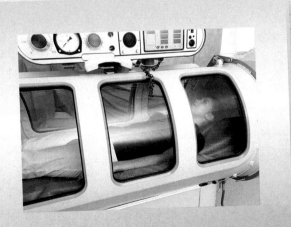

貝比・魯斯（Babe Ruth）

獲譽為史上最偉大的棒球運動員，他在 1914 至 1935 年間任職球員，共打出 714 次全壘打。

米高・佐敦（Michael Jordan）

佐敦令籃球運動在全世界廣受歡迎，他是歷來得分最高的籃球運動員之一。

尤塞恩・保特（Usain Bolt）

這位牙買加短跑好手是世界上跑得最快的人。2009 年，他打破了 100 米短跑的世界紀錄，以 9.58 秒完成賽事。

勞拉・肯尼（Laura Kenny）

這位英國運動員是奧運史上最成功的女性場地單車選手，共贏得了 4 面奧運金牌。

體壇名人館

特里莎・佐恩（Trischa Zorn）

佐恩天生失明，但未有妨礙她在游泳項目中贏得共 55 面殘奧獎牌。

納迪婭・科馬內奇（Nadia Comaneci）

奧運史上第一位獲得 10 分滿分的體操運動員！一生中共贏得 5 面奧運金牌。

米高・菲比斯（Michael Phelps）

菲比斯共贏得 18 面奧運獎牌，比歷來任何一位運動員都要多。

比利（Pelé）

比利帶領巴西贏得 3 次世界盃，創下紀錄。他也擁有足球入球次數最多的世界紀錄，總共 1,283 個入球！

這些出色運動員都在各自擅長的體育項目中達至頂尖水平，你會成為下一位體壇名人嗎？

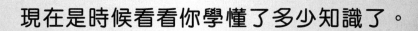

資格考試

現在是時候看看你學懂了多少知識了。

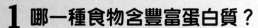

1 哪一種食物含豐富蛋白質？
   a) 肉類、魚類和蛋
   b) 米飯、意大利粉和馬鈴薯
   c) 胡蘿蔔、西蘭花和蘋果

2 哪一個身體部分令你有脈搏？
   a) 肺部
   b) 心臟
   c) 雙腿

3 以下哪一句句子是錯誤的？
   a) OR代表舊紀錄
   b) OR代表奧運紀錄

4 鐵餅的用途是什麼？
   a) 玩耍   b) 跳舞
   c) 投擲

5 以下哪一句句子是正確的？
   a) BMX單車選手會在泥濘的
       賽道上比賽
   b) BMX單車選手會在室內賽
       車場內比賽

6 徑賽跑手的鞋子上有什麼？
   a) 尖釘
   b) 燈光
   c) 煞車器

7 當兩名運動員以相同時間完
成賽事，這個情況會被稱為什
麼？
   a) 重列名次
   b) 互列名次
   c) 並列名次

8 以下哪一個是跳水的動作？
   a) 屈體
   b) 轉膝
   c) 躬身

9 藝術體操運動員會使用以下哪
一種器具？
   a) 帽子
   b) 呼拉圈
   c) 號角

10 哪一種運動項目會由投手投球？

a) 棒球

b) 籃球

c) 足球

11 以下哪一種運動是奧運比賽項目？

a) 劍擊

b) 閃避球

c) 拋接球

12 冰上曲棍球中使用的圓盤叫作什麼？

a) 塞球

b) 卡盤

c) 冰球

13 皮艇運動員會以哪種器具划艇前進？

a) 櫓

b) 槳

c) 踏板

14 哪一種運動中運動員可以用腳踢其他選手？

a) 射箭

b) 劍擊

c) 空手道

15 汗水的功用是什麼？

a) 令人變得溫暖

b) 令人疲累

c) 令人變得涼快

♡ 運動員評分指引

翻到本書後方核對答案，並將你的得分加起來吧。

1至5分 哎呀！快回去受訓，也給腦袋鍛煉一下吧。

6至10分 得分！你正邁向成為得獎運動員的方向。

11至15分 破紀錄！你可能成為下一位體壇名人！

體育術語

外野手 fielder
把對手擊中的球接住的球員。

同步 synchronized
指多名運動員在同一時間以相同速度做相同動作。

後衛球員 defender
負責阻止另一隊伍得分的球員。

迴轉賽 slalom
一種滑雪或皮艇賽事，運動員會在定位杆之間轉向穿插前進。

舵手 cox
在划艇上負責指示划艇手的人。

棍網球 lacrosse
一種球類比賽，球員利用末端有網的球棒來接球及投球。

運球 dribble
迅速地踢球、彈球或拍球，讓球不斷移動。

雷射光束 laser beam
由機器產生的纖細光束。

對手 opponent
在運動項目中與你競爭的人。

劍擊 fencing
一種運動項目，運動員會以幼細的劍來互相對戰。

衝刺／短途賽 sprint
在短距離內以最快速度奔跑、踏單車或游泳。

壁球 squash
一種使用球拍的球類比賽，兩名選手會輪流將一個小球擊向球場的牆壁上。

攔截 tackle
指足球比賽中從另一名球員腳下搶去足球，或是欖球比賽中將對手擒抱在地上的動作。

欄架 hurdle
設於賽道上的障礙物，跨欄運動員在比賽時要跨過它們。

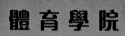

體 育 學 院

做得好！
你已成功完成
運動員訓練課程。

合格

姓名：...

運動員

答案

P6
b)香蕉、d)運動鞋、e)水和g)秒錶

P7
A=公路單車手

B=輪椅競速選手

C=棒球運動員

D=跳水運動員

E=撐竿跳運動員

P15
泳手穿着襪子；

泳鏡戴錯了方向；

海豹不應該出現在泳池裏；

泳池裏沒有水；

泳手面向錯誤的方向。

P17
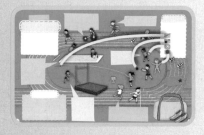

P19
1=登山單車

2=公路單車

3=場地單車

P20
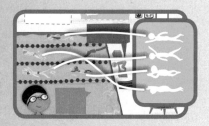

P25
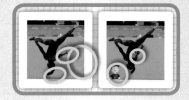

P26-27

P29
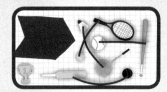

這塊球拍是乒乓球拍。

P31

a=雪地滑板　　b=護目鏡

c=滑雪杖　　d=滑雪板

P33
1=速度滑冰

2=花式溜冰及冰舞

3=冰上曲棍球

P34-35
1) 滑浪風帆　　2) 獨木舟

P36-37

P38
1=金牌

2=銀牌

3=銅牌

a=花式游泳

b=場地障礙賽

c=舉重

d=彈牀

e=劍擊

f=水球

g=沙灘排球

h=射箭

P41

P44-45
1. a　2. b　3. a　4. c　5. a

6. a　7. c　8. a　9. b　10. a

11. a　12. c　13. b　14. c　15. c